Elektrizität und Gewitter

WERNER HANITZSCH

Elektrizität und Gewitter

Übersicht für Interessierte

Bibliografische Information der Deutschen Nationalbibliothek:

Die Deutsche Nationalbibliothek verzeichnet diese Publikation

in der Deutschen Nationalbibliografie;

detaillierte bibliografische Daten sind im Internet

über http://dnb.dnb.de abrufbar.

© 2020 Werner Hanitzsch

Satz, Umschlaggestaltung, Herstellung und Verlag:

BoD - Books on Demand, Norderstedt

ISBN: 978-3-7519-2825-0

Inhalt

Vorwort 7

Was ist elektrischer Strom? 9

Wie wird elektrischer Strom erzeugt? 17

Wie wird elektrischer Strom transportiert
und angewendet? 23

Was ist ein Gewitter? 27

Wie kann ich mich vor Blitzschlag schützen? 29

Vorwort

Liebe Leserinnen und liebe Leser.

Das vorliegende Buch erhebt keinesfalls den Anspruch auf ein „Fachbuch". Da müssten noch viele Details gründlicher und fachlich korrekt erklärt werden und das ist auch nicht der Sinn oder die Aufgabe dieses Buches. Es will lediglich den interessierten Laien das Verständnis zum elektrischen Strom nahebringen und damit die Angst nehmen, aber der Respekt soll erhalten bleiben. Der verantwortungsvolle Umgang mit Elektrizität wird den Laien und vor allem den Kindern erleichtert, wenn man mehr Informationen hat und weiß, worum es geht. Vor allem soll das Interesse am Strom und alles, was damit zusammenhängt, geweckt werden.

Sehr wichtig erscheint mir der Abschnitt „Gewitter" zu sein. Da gilt es wirklich, das Wissen über Verhaltensmuster zu erweitern, um den Menschen mehr Sicherheit zu geben und vor eventuellen Schäden zu bewahren.

Ich wünsche Ihnen eine interessante Lektüre!

Ihr Werner Hanitzsch

Was ist elektrischer Strom?

Sehr viele Menschen wissen zwar, dass man elektrischen Strom ständig und überall benötigt und dass Elektrizität inzwischen unentbehrlich und absolut lebenswichtig ist, aber was Strom eigentlich ist, wissen sie natürlich nicht. Das ist auch absolut normal und verständlich. Wer denkt schon darüber nach, was da eigentlich geschieht, wenn man das Licht einschaltet?

Hinzu kommt noch, dass Elektrizität etwas sehr Eigenartiges ist. Man sieht sie nicht, man hört sie nicht und man riecht sie nicht. Man kann sie nur fühlen, wenn man mit ihr in Berührung kommt, und Elektrizität kann töten.

Wir wollen versuchen diesem Phänomen sein Geheimnis zu entreißen und es verständlich zu machen.

Zunächst muss ich einige Begriffe aus diesem Themenkreis erklären.

Wenn wir uns im Alltag mit Elektrizität befassen, sprechen wir in der Umgangssprache von „Strom". Um mit diesem Begriff umgehen zu können, müssen wir uns jedoch unbedingt mit einigen Fachbegriffen vertraut machen, damit wir das alles besser verstehen können.

Den Begriff „Strom" benutzen wir in der Umgangssprache als Sammelbegriff für „Elektrizität". Aber das Wort „Strom" taucht auch in den Fachbegriffen auf. Deshalb möchte ich Sie mit diesen Begriffen etwas näher bekannt machen.

Um den Umgang mit „Strom" verständlicher zu machen, sollte man einiges wissen:

Damit elektrischer Strom fließen kann, also eine Arbeit leistet, benötigen wir zunächst mal eine „elektrische Spannung".

Wenn der Volksmund sagt: „Da ist Strom drauf", ist damit gemeint: „Es steht eine Spannung an." Eine elektrische Leitung oder Anlage steht unter **Spannung**, wenn sie an ein elektrisches Versorgungsnetz angeschlossen ist. In dem Moment, wo wir einen Verbraucher (Glühlampe o. Ä.) zuschalten, fließt **Strom**.

Die Spannung messen wir in Volt und den Strom in Ampere. Daran sehen Sie, dass Spannung und Strom zwei völlig unterschiedliche Begriffe sind. Die Spannung steht an und der Strom fließt.

Wenn wir eine Glühlampe einschalten, fließt Strom und verrichtet eine „Arbeit" bzw. erbringt eine **„Leistung"**, welche wir mit **„Watt"** bezeichnen und messen. Diese drei Grundbegriffe müssen wir uns merken: Spannung (Volt), Strom (Ampere) und Leistung (Watt).

Bitte versuchen Sie sich die folgenden Begriffe anzueignen: Da steht eine Spannung an. Aber nicht: Da ist Strom drauf.

Man kann getrost Elektrizität mit Wasser vergleichen. Da gibt es viele Merkmale, die sich sehr ähnlich sind.

Stellen Sie sich eine Wasserleitung vor, die zwar mit Wasser gefüllt ist, aber wo kein Druck ansteht. Da kommt auch kein Wasser raus, wenn Sie das Ventil öffnen. Der Druck ist in diesem Fall das Gleiche wie die Spannung bei der Elektrizität.

Strom kommt von „strömen" und elektrischer Strom strömt physikalisch gesehen genauso wie Wasser. Nämlich, die Elektronen schieben sich genauso durch das Kabel wie die Wassermoleküle durch die Rohrleitung.

Ein Ventil in einer Wasserleitung ist wie ein Schalter in einer Elektroleitung und hat die gleiche Aufgabe, nämlich das Wasser oder den Strom abzusperren bzw. frei zu geben. Schauen wir uns einmal an, wie es überhaupt dazu kommt, dass Strom oder Wasser fließt. Natürlich wissen wir, dass, wenn wir ein Ventil öffnen oder einen Schalter betätigen, eben Wasser oder Strom fließt. Aber ich möchte Ihnen hier einmal den physikalischen Vorgang in Ihr Gedächtnis rufen, weil es für das Verständnis der Zusammenhänge wichtig ist.

Stellen Sie sich bitte eine Rohrleitung vor, gleich welcher Durchmesser und gleich welche Länge. Sagen wir einfach zwei Zentimeter Durchmesser und 10 Meter Länge. Dieses Leitungsrohr ist mit Wasser gefüllt und der Ablauf durch ein Ventil geschlossen. Am Zulauf ist ein Wasserbehälter angeschlossen. Wenn ich nun das Ablaufventil einen kurzen Moment öffne, fließt eine kleine Menge Wasser aus diesem Rohr heraus, sagen wir einfach, um ein Beispiel zu bilden, 0,5 Liter, dann ist das Ventil wieder geschlossen. Im selben Moment und in der gleichen Zeit fließen im Zulauf exakt diese 0,5 Liter in diese Leitung ein, und der vorherige Zustand ist wiederhergestellt. Die gesamte Wassermenge im Rohr, also die dort befindlichen Wassermoleküle, haben sich um etwa 15 Zentimeter in Richtung Auslauf **verschoben,** das Wasser ist „geströmt". Jetzt werden Sie wahrscheinlich sagen: „So ein Kinderkram, das ist uns doch alles bekannt." Das weiß ich natürlich, aber ich möchte, dass Sie sich genau diesen Vorgang, also das **„Verschieben"** der Moleküle, in Ihr Gedächtnis rufen, denn jetzt kommt der elektrische Strom.

Wir haben ein beliebiges Kupferkabel mit einem beliebigen Querschnitt und ebenfalls von etwa zehn Metern Länge. Jetzt kommen erst mal die Besonderheit und der Unterschied zu der Wasserleitung. Die Wasserleitung ist zunächst leer und muss erst gefüllt werden, um den oben beschriebenen Vorgang auslösen zu können. Das Kupferkabel ist immer und zu jeder Zeit von Natur aus mit Atomen, Molekülen und Elektronen gefüllt. Daraus besteht ja dieser Werkstoff. Das ist übrigens auch bei anderen bzw. bei jedem Metall so, nicht nur bei Kupfer. Wir nehmen nur Kupfer, weil es einen geringeren Widerstand dem Fließen der Elektronen entgegensetzt, also der elektrische Leitwert ist besser.

Also das Kabel liegt da und ist von Natur aus gefüllt mit Elektronen, aber wir können sie nicht nutzen und spüren sie auch nicht, wenn wir das Kabel anfassen. Deshalb schließen wir an den Kabelanfang eine Spannungsquelle an. Sagen wir einfach einen Transformator, den ich später noch erklären werde. In diesem Moment geschieht zunächst gar nichts. Die Spannung steht an, alle Elektronen in diesem Kabel werden ausgerichtet, aber keine Elektronen fließen, alles ist im Ruhezustand. Genau wie bei einer Wasserleitung, wenn wir den Behälter an die bereits gefüllte Wasserleitung anschließen und das Ablaufventil geschlossen ist. Jetzt öffnen wir das Ablaufventil und die

Wassermoleküle vor dem Ventil verlassen die Rohrleitung und im Zulauf fließen so viele Moleküle nach, wie im Ablauf das Rohr verlassen haben. Die gesamten Wassermoleküle **schieben** sich (also fließen) durch die Rohrleitung.

Bei dem Strom ist es ganz genauso. Wenn ich die Spannungsquelle anschließe, geschieht gar nichts. Alles bleibt im Ruhezustand. Wenn ich nun einen Abnehmer, z. B. eine Glühlampe, einschalte, beginnt der Strom zu fließen, und zwar ganz genauso wie bei Wasser. Wenn ich ein Wassermolekül am Ende der Leitung herausfließen lasse, fließt am Anfang ein Wassermolekül ein. Wenn ich an dem Stromkabel am Ende ein Elektron entnehme, fließt am Anfang ein solches zu und alle anderen Elektronen schieben sich weiter, genau wie bei dem Wasser.

Nun entnehme ich natürlich nicht nur ein Elektron oder nur ein Wassermolekül, sondern ich habe einen Verbraucher angeschlossen und damit fließt Strom genauso wie Wasser. Also das, was ich am Ende entnehme, fließt am Anfang nach. So **schieben** sich alle Elektronen in der Leitung weiter bzw. strömen, oder fließen, es **fließt** Strom und es **fließt** Wasser. Damit wollte ich nur die Ähnlichkeit zwischen Strom und Wasser deutlich machen.

Auch der weitere Verlauf von Strom und Wasser ähnelt sich sehr stark.

Das fließende Wasser benutzen wir sehr vielseitig, z. B. für den Antrieb von Turbinen, welche dann wiederum Generatoren für die Stromerzeugung antreiben. Andererseits benutzen wir den Strom unter anderem auch für den Betrieb von Motoren, um damit z. B. Pumpen anzutreiben. Diese wechselseitigen Möglichkeiten ziehen sich durch die gesamte Physik.

Bei diesem Vergleich erinnere ich nochmal an das Grundgesetz der Physik: Energie kann **nicht** erzeugt werden und sie kann auch **nicht** verloren gehen. Es kann immer nur vorhandene Energie in eine andere Form **umgewandelt** werden! Das ist auch die Erklärung, warum es kein „Perpetuum Mobile" geben kann. Vor langer Zeit haben Menschen ernsthaft versucht, ein solches herzustellen. Ein Perpetuum mobile ist eine Maschine oder ein Gerät, welches sich selbst, ohne eine fremde Antriebsenergie, bewegt. Das ist gemäß den physikalischen Grundgesetzen vollkommen unmöglich.

Wenn wir von **„Energieverbrauch"** sprechen, meinen wir den Verbrauch einer bestimmten Energieform, welche wir aus einer anderen Energieform gewonnen haben. Also z. B. Elektroenergie aus Wasserenergie oder umgekehrt. Auch Sonnenenergie wandeln wir mit Photovoltaik in Elektroenergie um, aber damit wollen wir uns hier nicht befassen.

Bei Wasser benötigen wir einen Druck, damit es nach oben fließen und weite Strecken überwinden kann. Den Verbrauch des Wassers messen wir in Liter.

Bei Elektrizität legen wir eine Spannung an, die wir in Volt messen. Diese Spannung (Volt) benötigen wir, damit Strom (A) fließen kann. Wenn wir diese Spannung also für eine bestimmte Arbeit benutzen, z. B. Licht, kommt der Strom zum Fließen, welchen wir in Ampere messen. Strom fließt nur dann, wenn ein Verbraucher eingeschaltet wird, sonst ruht die Spannung.

Um nun die dadurch geleistete Arbeit abrechnen zu können, multiplizieren wir die Spannung mit dem Strom und erhalten so die geleistete Arbeit, welche wir in Watt messen. Das soll nur zur Übersicht über die technischen Zusammenhänge dienen.

Also wir halten fest:

Die Wassermoleküle schieben sich bei Entnahme genauso durch die Leitung wie die Elektronen im Kabel. Wir sagen dazu: Es fließt Wasser bzw. es fließt Strom.

Strom ist im Gegensatz zum Wasser nicht sichtbar und man kann ihn nicht anfassen. Strom erkennen wir nur an seiner Wirkung.

Damit das Wasser fließt, benötigen wir entweder ein Gefälle oder Druck.

Damit Strom fließt, benötigen wir eine Spannung.

Wie wird elektrischer Strom erzeugt?

Ich benutze absichtlich diese Begriffe, um es etwas verständlicher zu machen. Richtig müsste es heißen: „Wie wird eine elektrische Spannung erzeugt?" Aber wir wollen kein Fachbuch sein, sondern diese Vorgänge allgemeinverständlich erklären.

Ich wurde schon oft gefragt: Was ist eigentlich der Unterschied zwischen Strom aus Wärmeenergie (Dampf) und Strom aus Wasserkraft? Natürlich gibt es da gar keinen Unterschied. Strom ist Strom, ganz gleich mit welcher Energieform er hergestellt wird.

Um diesen in einem Generator erzeugen zu können, müssen wir für den Antrieb desselben eine Energie verwenden, die uns zur Verfügung steht. Ob wir den Generator mit einer Dampfmaschine oder Wasserturbine antreiben, ist für die Stromerzeugung völlig gleichgültig.

Strom wird grundsätzlich in einem **Generator** erzeugt und in einem **Transformator** auf die gewünschte Spannung transformiert. Die unterschiedlichen Spannungen sind erforderlich, um die Elektrizität über große Strecken transportieren zu können. Die Erläuterungen hierzu und warum das so ist, finden Sie im nächsten Kapitel.

Wir wollen jetzt untersuchen, wie elektrischer Strom entsteht.

Bevor wir uns mit der praktischen Stromerzeugung befassen, möchte ich Ihnen die theoretischen Vorgänge kurz erläutern.

Im Abschnitt „Was ist elektrischer Strom?" habe ich bereits erläutert, dass grundsätzlich jedes Stück Metall, ganz gleich ob Kupfer, Aluminium, Eisen oder was auch immer, mit Elektronen gefüllt ist. Diese Elektronen kreisen innerhalb eines Moleküles um das Atom. Um nun Strom (eine elektrische Spannung) erzeugen zu können, brauchen wir aber nicht einfach ein Stück von dem Metall, sondern wir müssen es zu einem Draht auswalzen. Dafür könnten wir theoretisch jedes beliebige Metall verwenden. Aber jedes Metall hat einen anderen Leitwert. Das heißt für die Praxis, ich muss für den Draht, mit welchem ich Strom transportieren will, ein Metall mit einem guten Leitwert wählen, da sonst der Draht heiß wird und wir deshalb weniger Strom transportieren können. In der Praxis hat sich ergeben, dass Kupfer einen guten Leitwert besitzt und wirtschaftlich günstig hergestellt werden kann. Deshalb benutzen wir vorzugsweise Kupferdraht. In Zeiten mit wirtschaftlichen Schwierigkeiten (Kriegs- und Nachkriegszeit) war Kupfer knapp und deshalb wurde dafür eine Zeit lang Aluminium verwendet. Aluminium hat aber einen schlechteren Leitwert als Kupfer und deshalb sind für gleiche Leistungsübertragungen größere Leitungsquerschnitte erforderlich, was bei höheren Leistungen sehr erheblich ist.

Also wir nehmen ein Stück Draht, sagen wir einfach mal einen Meter lang, und einen starken Magneten. Nun bewegen wir den Draht mit beiden Händen durch das Magnetfeld, wie in der Skizze 1 angedeutet.

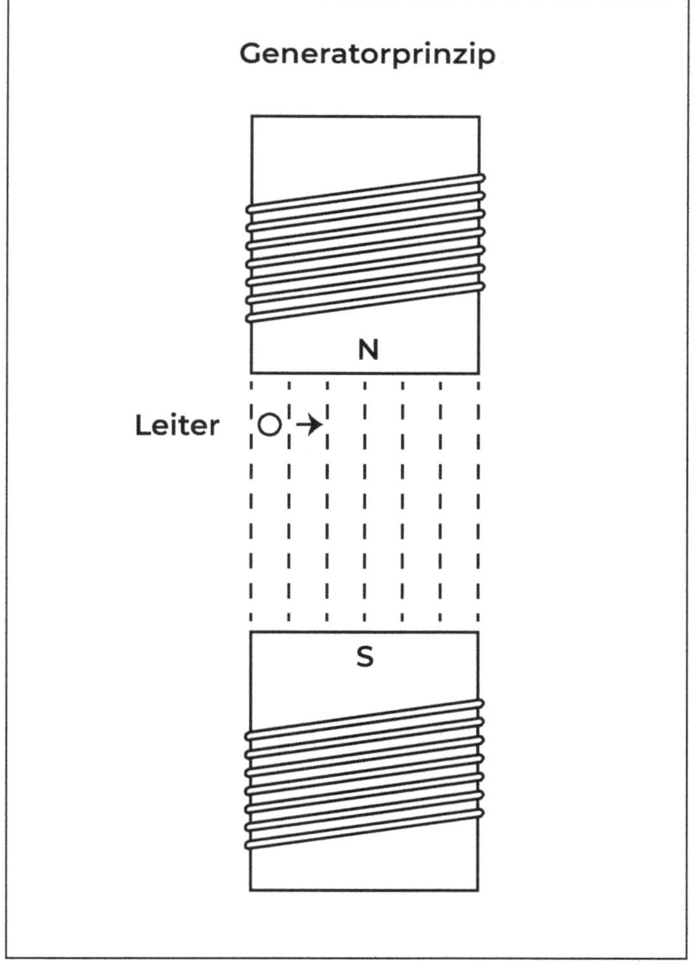

Skizze 1

In dem Moment, wo unser Draht die Kraftlinien des Magneten schneidet, also der Draht bewegt sich durch das Kraftfeld des Magneten, werden die Elektronen in dem Draht von den Kraftlinien verschoben, also bewegt, und es entsteht eine elektrische Spannung.

Halten wir fest: Wenn wir einen elektrischen Leiter durch ein magnetisches Kraftfeld bewegen, wird in diesem Leiter eine elektrische Spannung erzeugt, wir sagen „induziert" dazu.

Das ist zunächst die ganze theoretische Grundlage der Stromerzeugung, und diese Grundkenntnis haben sich die Ingenieure zu Nutze gemacht und damit den „Generator" entwickelt.

Es ist natürlich nur das **Prinzip** der Erzeugung des elektrischen Stromes, also einer Spannung. Dieses Verfahren der Bewegung eines kurzen Leiters mit den Händen hat natürlich keinen praktischen Wert und dient hier nur der Veranschaulichung.

Je länger der Leiter ist und je mehr Kraftlinien in kurzer Zeit geschnitten werden, umso mehr Strom kann ich erzeugen. Um nun eine praktikable Spannung und die erforderliche Leistung zu erhalten, hat man den oben angedachten Leiter zu einer Spule gewickelt und den Magneten vervielfacht. Hierzu Skizze 2.

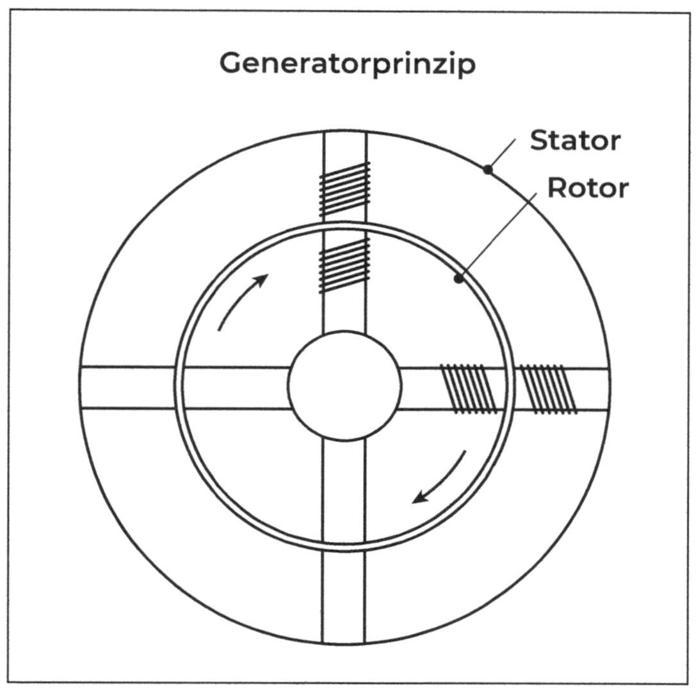

Skizze 2

Wie ich schon erwähnte, geht es hier nur darum, das **Prinzip** der Entstehung der elektrischen Spannung zu zeigen.

Die weiteren Details zur Stromerzeugung wie Gleichspannung, Wechselspannung, Frequenz usw. bleiben den Fachbüchern vorbehalten und würden Anliegen und Umfang des vorliegenden Buches weit übersteigen.

Wie wird elektrischer Strom transportiert und angewendet?

Wir wissen nun, dass in einem Kraftwerk ein oder mehrere Generatoren stehen, welche mit Turbinen angetrieben werden und den elektrischen Strom erzeugen. Ich möchte hier noch einmal betonen, wir erzeugen elektrischen Strom oder auch Elektroenergie genannt, aber wir erzeugen **keine** Energie!! Wir wandeln eine andere Energieform (Wasser oder Dampf etc.) in Elektroenergie um.

Nun brauchen wir aber den Strom nicht in dem Kraftwerk, welches sich in der Stadt X befindet, sondern in den Fabriken und Häusern der Stadt Y. Das bedeutet, wir müssen den Strom von X nach Y transportieren, und da ergibt sich die Frage: Wie machen wir das?

Vielleicht werden Sie jetzt denken: So eine blöde Frage, natürlich mit einem Kabel oder einer Freileitung. Das stimmt zwar, aber so einfach ist das nicht. Stellen Sie sich vor, die Stadt Y hat einen Bedarf an Elektroenergie von vielleicht 1000 Gigawatt (1 Gigawatt = 1000.000 kW). Das ist natürlich nur als Beispiel zu verstehen, um eine Vorstellung von den zu übertragenden Leistungen zu erhalten.

Wenn man diese Leistung in der vor Ort benötigten Betriebsspannung von 380 V übertragen wollte, benötigte man Leitungsquerschnitte von unvorstellbarem

Ausmaß! Ist also überhaupt nicht denkbar. Die Belastung der Leitung oder des Kabels ist abhängig von der Stärke des Stromes. Bei einer gedachten Leistungsübertragung von z. B. 1 Gigawatt, bei einer Betriebsspannung von 380 Volt, würde ein Strom von etwa zwei Millionen und sechshunderttausend (2.600.000) Ampere fließen! Das ist nicht beherrschbar! Also muss man sich etwas einfallen lassen.

Wenn ich die Spannung um das Tausendfache erhöhe, wird der Strom bei gleicher Leistung um das Tausendfache geringer. Allerdings ist das mit einigem technischen Aufwand verbunden. Eine Spannung von 380.000 Volt kann ich natürlich nicht im Generator erzeugen, sondern muss einen Transformator benutzen, um diese Spannung zu erhalten.

Wie arbeitet ein Transformator? Um das erklären zu können, muss ich allerdings etwas in die Fachtheorie gehen.

Es gibt zwei grundsätzliche Spannungsarten: die Wechselspannung und die Gleichspannung.

Bei der Gleichspannung steht eine Spannung in gleichbleibender Richtung mit einem gleichbleibenden konstanten Wert an. Gleichspannung kann nicht transformiert werden, dafür aber gespeichert (Batterie oder Akku).

Die Wechselspannung ist da wesentlich komplizierter. Diese Spannung wechselt mit einer Frequenz von 50 Hz (Herz) d. h. 50-mal pro Sekunde, ihre Richtung. Das heißt, 50-mal pro Sekunde läuft der Spannungswert durch Null und seinen Höchstwert. Man kann sich also vorstellen, die Spannung pulsiert, indem sie 50-mal die Richtung wechselt (Wechselspannung). Diesen Umstand macht man sich bei einem Transformator zu Nutze.

Wir wissen schon, dass, wenn ein Leiter die Kraftlinien eines Magnetfeldes schneidet, eine Spannung entsteht. Wir sagen, eine Spannung wird induziert! Wir nutzen dieses Prinzip im Generator, wie oben beschrieben. Also wir bewegen einen Leiter durch ein Magnetfeld.

Genauso gut können wir aber auch, nicht den Leiter, sondern das Magnetfeld bewegen, um in einem ruhenden Leiter eine Spannung zu erzeugen (zu induzieren). Das ist ja der gleiche physikalische Vorgang, nur umgekehrt.

Wenn wir nun eine Spule um einen Eisenkern wickeln und an diese Spule eine Wechselspannung legen, dann entsteht um diesen Eisenkern ein Magnetfeld, welches wegen der Wechselspannung ständig aufgebaut wird und wieder zusammenbricht, nämlich fünfzigmal pro Sekunde.

Wenn man nun über den gleichen Eisenkern eine zweite Spule mit einer anderen Windungszahl und anderem Querschnitt wickelt, wird wieder in dieser Spule eine Spannung induziert. In diesem Fall bewegen wir nicht den Draht durch das Magnetfeld, sondern die Kraftlinien dieses Feldes schneiden bei jeder Veränderung den ruhenden Draht. Die Wirkung ist die gleiche wie in einem Generator. In der Spule wird wieder eine Spannung induziert und ich kann mit der Anzahl der Spulenwindungen die gewünschte Spannung festlegen. So bin ich in der Lage, jede vorhandene Spannung in die von mir gewünschte Spannung, entweder höher oder niedriger, zu transformieren.

Damit hat man also die Möglichkeit, eine bestimmte Betriebsspannung, z. B. 380 Volt, in eine hohe Spannung, also z. B. 380.000 Volt, umzuwandeln (zu transformieren) und damit hohe Leistungen über Leitungen mit relativ niedrigem Querschnitt über große Entfernungen zu transportieren. Am Ende, also am Bestimmungsort, wird dann diese hohe Spannung wieder in die benötigte Betriebsspannung heruntertransformiert.

Was ist ein Gewitter?

Der Vollständigkeit halber möchte ich diesen Punkt doch noch mit erwähnen, und der ist schnell erklärt.

Wasser verdunstet und bildet Nebel. Der Nebel steigt auf und verdichtet sich zu Wolken. Können die Wolken keine Feuchtigkeit mehr aufnehmen, sind also „gesättigt", bilden sich größere Wassertropfen und fallen als Regen auf den Boden zurück. Das ist der bekannte normale Vorgang.

Wenn nun aber die Lufttemperatur sehr hoch ist, verdunstet das Wasser auf der Erde sehr schnell und steigt auch sehr schnell nach oben. Dabei entstehen Reibungen, welche Elektronen freisetzen. Diese Elektronen setzen sich in der warmen Luft ab und verdichten sich. Dadurch entsteht ein Spannungsfeld mit einem ständig ansteigenden Spannungspotenzial.

Die Erde hat das Spannungspotenzial von Null und jede elektrische Spannung hat das Bestreben, sich mit der Spannung eines niedrigeren Potenzials auszugleichen. Wenn nun das Spannungspotenzial der Gewitterwolke so hoch ansteigt, dass die Entfernung zur Erde als isolierende Trennschicht nicht mehr ausreicht, will sich die enorme Spannung der Wolke ausgleichen und ein „Funke" in Form eines Blitzes springt zur Erde über. Wir sagen: „Es blitzt", und damit sind wir mitten in einem „Gewitter". Das Überspringen des „Funkens", also des Blitzes, zur Erde, wird mit einem lauten Knall begleitet. Wir sagen: „Es donnert." Dieser Knall entsteht, weil der Blitz (der Funke) mit ungeheurer Energie und Geschwindigkeit die Luftmassen zerteilt, also praktisch spaltet. Das ähnliche Phänomen kennen wir von den Übungsflügen der Überschall-Jagdflugzeuge aus der Vergangenheit, wenn die Schallmauer von den Flugzeugen durchbrochen wird.

Nun gibt es aber nicht nur **eine** Wolke am Himmel, sondern immer mehrere. Diese unterschiedlichen Wolken laden sich natürlich auch unterschiedlich auf. Dadurch gibt es immer unterschiedliche Spannungsfelder. Wenn sich nun zwei unterschiedliche Gewitterwolken mit unterschiedlichen Spannungen so weit nähern, dass die Entfernung die „Isolierung" unterschreitet, springt der Blitz von Wolke zu Wolke über. Das ist genau der gleiche Vorgang wie der Blitz zur Erde.

Die Energie, welche bei einem Blitzschlag freigesetzt wird, ist unvorstellbar hoch und wird alles, was er bei seinem Einschlag trifft, zerstören. Die Spannung eines Blitzes liegt bei einigen Millionen Volt und der Strom, der bei einem Blitz zum Fließen kommt, bei einigen 100.000 Ampere. Der Einschlag eines solchen überspringenden Funkens (Blitzes) ist wie die Detonation einer Bombe. Deshalb ist die Formulierung „Der Mensch wurde vom Blitz getroffen und liegt nun im Krankenhaus" falsch. Wenn ein Mensch vom Blitz getroffen werden würde, gäbe es ihn nicht mehr! Er würde völlig zertrümmert und zerkocht!

Was es aber mit den Blitzschäden, welche ja Menschen nachweislich erleiden, auf sich hat, erkläre ich Ihnen im nächsten Kapitel.

Wie kann ich mich vor Blitzschlag schützen?

Zunächst müssen wir wissen, was bei einem Blitzeinschlag auf der Erde, eigentlich vor sich geht. Wir wissen bereits aus dem vorhergehenden Kapitel, dass der Funke aus einer mit hoher Spannung aufgeladenen Wolke über den kürzesten Weg zur Erde überspringt. Dort wo der Blitz einschlägt, ganz gleich wo, entsteht ein sogenannter „Spannungstrichter", siehe Skizze 3.

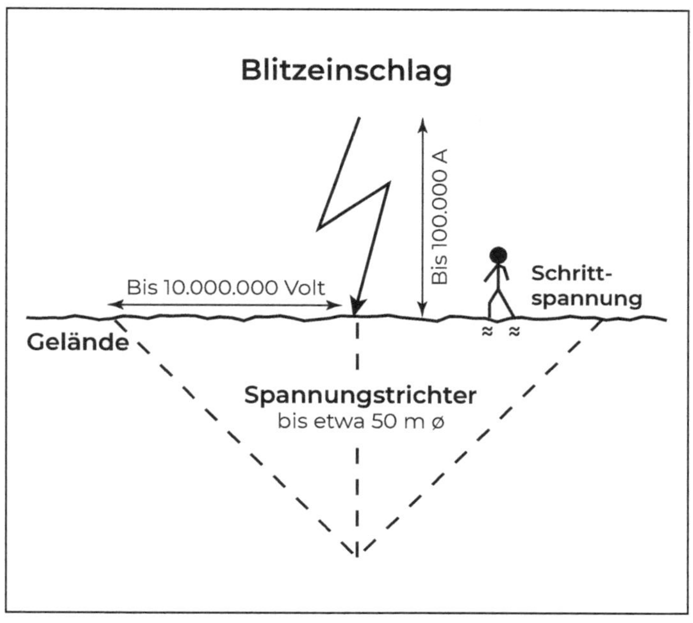

Skizze 3

Im Mittelpunkt dieses Einschlages ist die Spannung zwischen zwei beliebigen Punkten auf der Erdoberfläche am höchsten und nimmt in Richtung Außengrenze des Spannungstrichters ab, wird also immer geringer. Daraus ergibt sich die Tatsache, dass die Spannung zwischen den Füßen eines dort laufenden Menschen, je nach Abstand vom Zentrum des Blitzeinschlages und vom Abstand der Füße, unterschiedlich hoch ist. Deshalb sprechen wir von der „Schrittspannung". Diesem Umstand ist es zu verdanken, dass die gesundheitlichen Schäden eines Wanderers je nach Abstand vom Blitzeinschlag, große Unterschiede aufweisen. Außerdem ist die „Wirkspannung" auf den Menschen abhängig vom Abstand der Füße untereinander. Je geringer der Abstand, umso niedriger die Spannung. Daraus ergeben sich zwangsläufig einige Verhaltensmaßregeln.

Falls ich unterwegs von einem Gewitter überrascht werde und keine Unterstellmöglichkeit zur Verfügung steht, muss ich Folgendes beachten:

Der Gefährdungsgrad des Gewitters in Abhängigkeit von der Entfernung vom Standort bei **jedem** Blitz ist zu ermitteln. Man zählt die Sekunden zwischen Blitz und Donner und multipliziert diese Zahl mit 340, weil die Schallgeschwindigkeit etwa 340 m/s beträgt. Dauert es also 10 Sekunden, bis es nach dem Blitz donnert, ist die Gewitterzelle etwa 3,4 Kilometer entfernt. Aber bitte bedenken Sie, dass sich diese Entfernung schnell verändern kann, deshalb bei **jedem** Blitz kontrollieren. Bei dieser Entfernung kann man noch versuchen, eine Unterstellmöglichkeit zu erreichen.

Liegt die Zeit zwischen Blitz und Donner unter zwei Sekunden, ist der Gefährdungsgrad sehr hoch und das Laufen im Gelände ist lebensgefährlich!

Es gilt jetzt zu entscheiden: Wie weit ist es zum nächsten Unterstand? Sollte der in Sichtweite sein, kann ich versuchen, denselben **springend** zu erreichen. Nicht laufen!! Sondern springen, sodass möglichst immer nur ein Fuß, oder wenn zwei Füße, dann eng beieinander, den Erdboden berühren. Je größer der Abstand zwischen den Füßen (laufen), wenn sie gleichzeitig den Boden berühren, umso größer die Gefahr einer hohen „Schrittspannung".

Bäume gelten nicht als Unterstellmöglichkeit, sondern als erhöhtes Risiko!! Ein Blitz sucht sich immer den Weg des geringsten Widerstandes, also den kürzesten Weg, um zur Erde zu gelangen, und ein Baum bietet dem Blitz viel weniger Widerstand als Luft. Wenn ich unter einem Baum stehe, in welchen der Blitz einschlägt, habe ich wenig Chancen zu überleben!

Sollte es keine Fluchtmöglichkeit geben, habe ich nur eine Chance:

möglichst große Entfernung zu Bäumen, Füße eng beieinander auf den Boden hocken, also so klein wie möglich machen und so wenig wie möglich Bodenfläche berühren oder überbrücken.

In dieser Stellung abwarten, bis das Gewitter weitergezogen ist! Das „Nass werden" ist dabei das kleinere Übel. Aber in dieser Stellung auf keinen Fall mit den Händen am Boden abstützen, weil ich damit ja schon wieder die „Schrittspannung" erhöhe!

Natürlich besteht auch in dieser Haltung noch ein großes Risiko, in das Spannungsfeld eines eventuellen Blitzeinschlages zu geraten. Aber wenn ich unvorbereitet in eine solche Situation gerate, habe ich nicht viele Möglichkeiten, die Gefahr eines Stromschlages durch das Gewitter zu minimieren.

Am sichersten ist in jedem Fall, vor dem Gewitter einen sicheren Unterstand aufzusuchen.

Wer während eines Gewitters im Auto unterwegs ist, befindet sich in Sicherheit. Ein direkter Blitzeinschlag ist nicht zu erwarten, da die Karosserie über die Reifen gut gegen die Erde isoliert ist.

Die Karosserie selbst, also das Fahrzeuggehäuse, funktioniert während des Gewitters wie ein Faraday'scher Käfig. In ihm sind Sie gegen die hohen Spannungen sicher, solange Sie das Fahrzeug nicht öffnen oder gar aussteigen.

Der Faraday'sche Käfig hat in der Praxis folgende Aufgabe und Funktion:

Stellen Sie sich vor, eine Freileitung von 200.000 Volt oder mehr oder ähnlich wird aus irgendeinem Grund beschädigt. Ein Isolator der Aufhängung geht zu Bruch oder was auch immer. Der Schaden muss in jedem Fall repariert werden.

Normalerweise gäbe es nun nur die Möglichkeit, die Leitung oder Anlage freizuschalten. Damit würden große Wohngebiete oder Industrieanlagen spannungslos, was teilweise zu großen Schäden führen könnte. Um das zu verhindern, hat man nach Möglichkeiten gesucht, derartige Reparaturen unter Betriebsspannung, also ohne Abschaltung, durchzuführen. Ein solches

Vorhaben scheint fast unmöglich zu sein. Aber dem Erfindergeist der Ingenieure ist es gelungen, eine Möglichkeit zu finden, nämlich den Faraday'schen Käfig. Also ein Montagekäfig aus Metall. In diesem Käfig befinden sich der oder die Monteure. Dieser Käfig befindet sich vor der Arbeit in einer völlig isolierten Position und wird durch Außenanschlüsse genau auf die Betriebsspannung des zu reparierenden Anlagenteiles gefahren. Die Monteure in diesem Käfig stehen also unter der gleichen Spannung wie die zu reparierenden Teile. Wenn die Spannungsgleichheit zwischen dem Käfig und dem Anlagenteil festgestellt wurde, wird der Käfig mit dem zu reparierenden Anlagenteil elektrisch fest verbunden. Damit gibt es keinen Spannungsunterschied mehr und die Monteure können völlig gefahrlos diese Reparatur unter der vollen Spannung vornehmen. Diese Möglichkeit hat man der Natur abgeguckt. Man hat beobachtet, dass die Vögel sich völlig gefahrlos auf eine Hochspannungsleitung setzen können. In diesem Moment nimmt der Vogel die gleiche Spannung wie die Leitung an, ohne dass er Schaden nimmt. Gefährlich ist immer nur die Überbrückung zu einem anderen Spannungspotenzial.

Der Name für diesen Montagekäfig wurde willkürlich nach dem Physiker Faraday ausgewählt.